Manoj Kumar Nigam

Efeitos na estabilidade do sistema de energia devido à integração da produção distribuída

Manoj Kumar Nigam

Efeitos na estabilidade do sistema de energia devido à integração da produção distribuída

This book is a translation from the original published under ISBN 978-3-659-62536-7.

Publisher:
Sciencia Scripts
is a trademark of
Dodo Books Indian Ocean Ltd. and OmniScriptum S.R.L publishing group

120 High Road, East Finchley, London, N2 9ED, United Kingdom
Str. Armeneasca 28/1, office 1, Chisinau MD-2012, Republic of Moldova, Europe
Printed at: see last page
ISBN: 978-620-7-71025-6

ÍNDICE DE CONTEÚDOS

1. INTRODUÇÃO

A produção distribuída inclui painéis solares, células fotovoltaicas, microturbinas, turbinas eólicas, turbinas a gás de combustão, gaseificação de biomassa e várias outras pequenas unidades de produção baseadas em fontes de energia renováveis. A produção distribuída é uma tecnologia que tem evoluído nos tempos actuais e tornou-se um dos principais campos de interesse para os investigadores. A produção distribuída tem a vantagem, em relação aos métodos convencionais de produção de energia, de poder ser instalada nos locais onde as necessidades de energia aumentaram e também de não ser possível instalar uma nova central de produção de energia a cada poucos quilómetros de distância. Outra vantagem que possui é que esta tecnologia é amiga do ambiente, o que significa que não produz subprodutos nocivos que, de uma forma direta ou indireta, afectam o ambiente.

A terceira vantagem da produção distribuída é que não é dispendiosa e funciona com fontes de energia não convencionais, como a energia eólica, a energia solar, aumenta a fiabilidade, reduz as perdas, etc. A produção distribuída oferece várias vantagens, mas para utilizar plenamente o potencial da produção distribuída é necessário refletir novamente sobre os nossos métodos de produção de energia. Atualmente, a produção distribuída tornou-se uma parte essencial dos recursos energéticos distribuídos, incluindo o armazenamento de energia. Muito trabalho já foi feito no passado sobre o dimensionamento e a localização da geração distribuída na rede para que as perdas de transmissão e distribuição sejam minimizadas.

As desvantagens da produção distribuída são o facto de perturbar o fluxo de energia na rede, o que, por sua vez, perturba o perfil de tensão e reduz a estabilidade do sistema de energia.

Além disso, se a produção distribuída não estiver ligada à localização ideal e tiver a capacidade ideal exigida pela localização específica, aumentará as perdas, degradando assim a qualidade da tensão.

Foram discutidos métodos como a otimização por colónia de formigas [2], a otimização por enxame de partículas [3-4], métodos de simulação monte-carlo [5], algoritmo genético [6] e método de fluxo de potência ótimo [7]. Está a ser introduzido um método em que são considerados quatro tipos de produção distribuída com uma produção distribuída instalada para minimizar as perdas totais de energia real e reactiva. O principal objetivo desta metodologia é calcular o tamanho e identificar a localização óptima correspondente para a produção distribuída, a colocação da produção distribuída para minimizar as perdas totais de energia real e reactiva e para melhorar o perfil de tensão [8].

Para o problema das alterações climáticas globais, as tecnologias de energias renováveis desempenham um papel importante no que respeita à segurança energética para o futuro. A evolução da atual geração convencional ou centralizada sob a forma de geração distribuída e de redes eléctricas inteligentes e micro tem um grande potencial para eliminar várias questões relacionadas com a energia verde, a eficiência energética, a segurança energética e as desvantagens das antigas infra-estruturas do sistema de energia. Estes fenómenos tornam-se também opções importantes para satisfazer a elevada procura de energia atual e construir redes de sistemas de energia flexíveis em que tanto o cliente como o operador de energia podem interagir mutuamente em tempo real.

A operação do sistema de energia é um grande desafio do ponto de vista da segurança, fiabilidade e eficiência do sistema. A procura de energia eléctrica está a aumentar continuamente e as redes de sistemas de energia existentes são muito complexas, de grande escala, centralizadas e distantes dos centros de carga, pelo que o fornecimento de energia a todos os clientes deve ser continuamente estável e fiável. A produção distribuída integrada e os sistemas de energia existentes são capazes de apoiar a segurança energética, nomeadamente durante os picos de procura ou a escassez de energia

A integração da produção distribuída em sistemas de energia eléctrica causa alguns problemas técnicos, tais como a estabilidade do sistema de energia e a qualidade da energia. No entanto, com a ajuda de técnicas de compensação, há grandes possibilidades de que estes problemas possam ser minimizados.

Um dispositivo conversor de fonte de tensão da eletrónica de potência utilizado para manter a potência reactiva dentro dos limites é designado por compensador síncrono estático (STATCOM). Este dispositivo é utilizado em redes de transmissão de energia eléctrica em corrente alternada. Este dispositivo é um membro da família FACTS.

O STATCOM é ligado para apoiar a rede eléctrica que tem um fator de potência fraco, uma regulação de tensão fraca e a utilização mais comum é para a estabilidade da tensão. Um STATCOM é simplesmente um dispositivo baseado num conversor de fonte de tensão (VSC) e tem uma fonte de tensão atrás de um reator. A fonte de tensão é formada por um condensador de corrente contínua, pelo que a capacidade de potência ativa de um STATCOM é muito reduzida. A capacidade de potência ativa pode ser aumentada se um dispositivo adequado de armazenamento de energia for ligado ao condensador de corrente contínua. A potência reactiva nos terminais do STATCOM depende da magnitude da tensão da fonte.

Por exemplo, se o valor da tensão CA no ponto de ligação for inferior ao valor da tensão terminal do VSC, então o STATCOM gerará corrente reactiva. O STATCOM absorve potência reactiva quando a amplitude da fonte de tensão é inferior à tensão CA. A STATCOM é um dispositivo de comutação rápida e o tempo de resposta é inferior ao da SVC, devido aos tempos de comutação rápidos proporcionados pelos IGBT do VSC. A baixas tensões CA, o STATCOM pode fornecer um melhor apoio à potência reactiva do que a SVC.

A tecnologia de produção distribuída tem impacto nos sistemas eléctricos, mas ainda são feitas algumas tentativas para ultrapassar esses impactos. A produção distribuída tem impactos positivos e negativos nos sistemas de energia, como a melhoria da fiabilidade do sistema, a prevenção da queda de subtensão, a influência na estabilidade transitória e a distorção harmónica durante a ligação ou a desconexão.

Além disso, foi efectuada uma análise abrangente do impacto da produção distribuída nos conceitos modernos de sistemas de energia, bem como algumas noções básicas de

A produção distribuída é um novo conceito para a futura produção de sistemas de energia que envolve o alargamento dos conhecimentos e das tecnologias, o que exige características normalizadas e de interoperabilidade para o funcionamento e a implementação. A realização de impactos e técnicas de compensação de estruturas de geração distribuída levará etapas graduais e possivelmente muitos anos. Também é apresentada uma visão geral da tecnologia baseada em FACTS, especialmente o STATCOM como um dispositivo de compensação com uma discussão elaborada sobre os fundamentos da compensação de energia, bem como cada modelo de compensação de energia para a estabilidade do sistema.

Tendo em conta o facto de as capacidades do dispositivo STATCOM fornecerem apoio à potência reactiva, melhorarem a tensão, reduzirem as variações de tensão e melhorarem a estabilidade do sistema, o STATCOM é uma escolha ideal como dispositivo de compensação.

Além disso, foram revistos alguns trabalhos que sustentam o facto de o STATCOM ser mais adequado do que o outro conjunto de dispositivos FACTS de semicondutores de potência, como o Compensador VAR Estático (SVC), etc.

Capítulo 2

VISÃO GERAL DA PRODUÇÃO DISTRIBUÍDA
2.1 DEFINIÇÃO DE PRODUÇÃO DISTRIBUÍDA

Uma produção distribuída é simplesmente definida como uma produção de energia eléctrica em pequena escala. Actua frequentemente como uma unidade ativa de produção de energia e está ligada ao nível da distribuição. Algumas das definições padrão da Geração Distribuída são também dadas a seguir:

2.1.1 DEFINIÇÃO DO IEEE

De acordo com as normas IEEE, uma produção distribuída pode ser definida como a produção de energia eléctrica mais pequena do que as centrais eléctricas centrais, normalmente 10 MW ou menos, de modo a permitir a interligação em qualquer ponto do sistema de energia, também designada por Recursos Distribuídos ou Geradores Distribuídos.

2.1.2 DEFINIÇÃO DO INSTITUTO DE INVESTIGAÇÃO NO DOMÍNIO DA ENERGIA ELÉCTRICA (EPRI)

O EPRI define a produção distribuída como implícita numa panorâmica da integração dos recursos energéticos distribuídos. De acordo com esta definição, o novo sistema também seria capaz de se integrar sem problemas com a produção de energia distribuída instalada localmente como qualidade do sistema de energia. Menos de 20 MW / unidade poderiam ser implantados tanto do lado da oferta como do lado do consumidor do portal da energia e da informação como activos essenciais para a fiabilidade, capacidade e eficiência das fontes de produção distribuída.

2.1.3 DEFINIÇÃO DE IEA

A Agência Internacional da Energia (AIE) define a produção distribuída como "equipamento e sistema de produção de eletricidade utilizado geralmente ao nível da distribuição e em que a energia é principalmente utilizada localmente no local".

2.1.4 DEFINIÇÃO DE CIGARRO

O Conselho Internacional dos Grandes Sistemas Eléctricos (CIGRE) define a Produção

Distribuída como um tipo de produção que não é atualmente planeada nem despachada centralmente. Está ligada ao sistema de distribuição com uma potência inferior a 50-100 MW.

2.1.5   DISTRIBUTED POWER COALITION OF AMERICA (DPCA)

A produção distribuída é uma pequena unidade de produção de energia baseada em fontes renováveis que fornece energia eléctrica num local mais próximo dos consumidores do que uma central eléctrica central. Uma produção distribuída pode ser ligada diretamente ao consumidor ou a um sistema de transmissão ou distribuição.

2.1.6 DEPARTAMENTO DE ENERGIA DOS EUA (US. DOE)

A produção distribuída é uma pequena unidade de produção de energia baseada em fontes renováveis que se encontra num local mais próximo do centro de carga. Para eliminar este tipo de dificuldades e fornecer ao cliente a melhor qualidade, um ambiente mais fiável e limpo, os recursos energéticos distribuídos podem ser preferidos. A dimensão e a capacidade da produção distribuída variam entre alguns quilowatts e 50 MW [22].

2.1.7 ASSOCIAÇÃO AMERICANA DO GÁS (AGA)

A colocação deliberada de pequenas unidades de produção de eletricidade (5 kW a 25 MW) junto ou próximo das cargas dos clientes é designada por produção distribuída (GD). A produção distribuída tem a capacidade de fornecer apoio à rede de distribuição para satisfazer os requisitos de qualidade e fiabilidade da energia localizada perto de subestações [22].

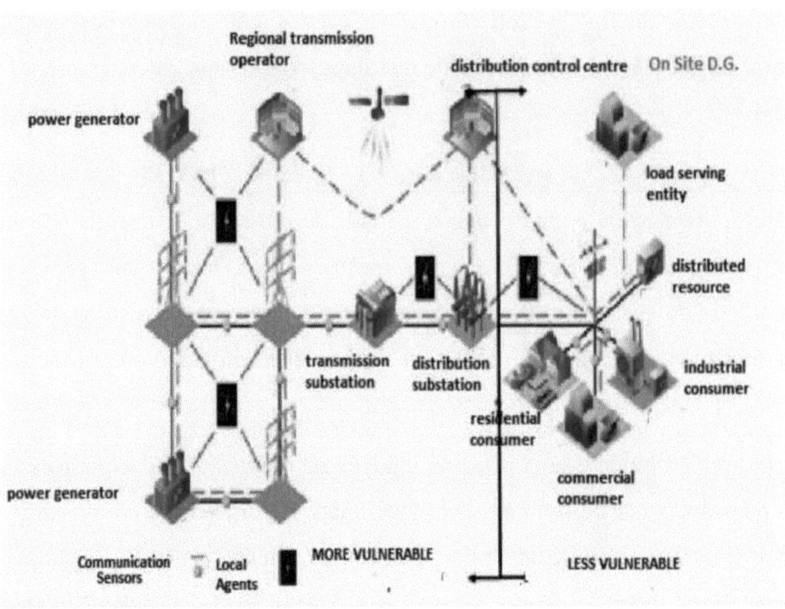

FIGURA 1: SISTEMA DE PRODUÇÃO DISTRIBUÍDA [23]

2.2 TECNOLOGIA DE PRODUÇÃO CENTRAL

A Geração Central ou GC é definida como a produção de energia eléctrica por centrais eléctricas de estações centrais para fornecer energia a granel e grandes combustíveis fósseis a gás, carvão e nuclear para produzir vapor que acciona geradores de turbina. Em alguns casos, são também utilizadas turbinas hidroeléctricas de grandes dimensões. Estas enormes centrais exigem uma gestão dispendiosa de grandes infra-estruturas. As centrais de produção de eletricidade estão sujeitas a falta de fiabilidade e instabilidade devido a acontecimentos imprevisíveis e são frequentemente vulneráveis a ataques.

As limitações da CG, em termos de eficiência e impacto ambiental, bem como a estabilidade para as sustentar, os investigadores, engenheiros e decisores políticos deveriam ter dado resposta às opções de recursos energéticos renováveis. O sistema de rede de geração centralizada e distribuída tem os seus méritos e deméritos. Assim, o objetivo deste trabalho é enumerar os aspectos positivos e negativos das redes, bem como abordar os desafios colocados pelas redes. Esta análise ajuda a avaliar a melhor opção que pode melhorar a fiabilidade, a resiliência e a sustentabilidade da atual estrutura da rede.

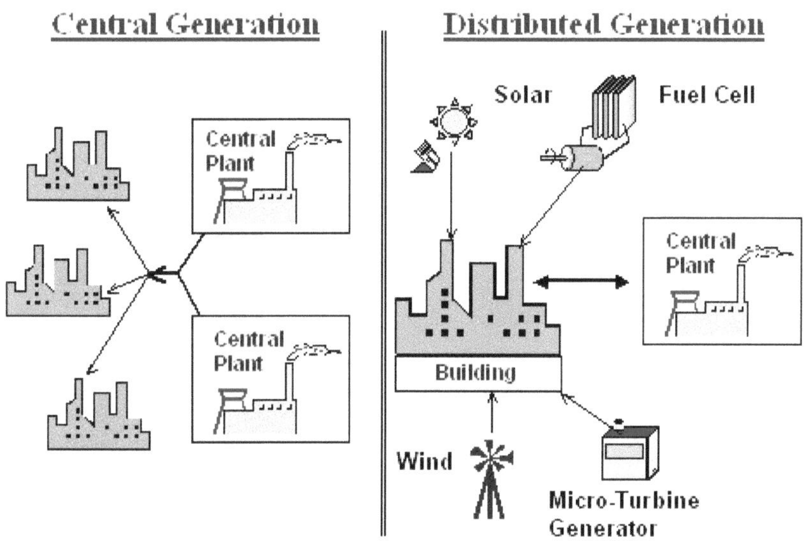

FIGURA 2: PRODUÇÃO CENTRAL VS. PRODUÇÃO DISTRIBUÍDA
PRODUÇÃO DISTRIBUÍDA [23]

Tabela 1: GERAÇÃO CENTRAL E DISTRIBUÍDA IMPLICAÇÃO DE CUSTOS

Componente Custo	Produção centralizada (CG)	Produção distribuída (DG)	
Custo do capital	Menor custo por unidade	Custo mais elevado por unidade Custo reduzido da conceção do sistema devido à redução da capacidade Redução dos custos de conceção do sistema devido à utilização do	Esta abordagem conduziria a um custo reduzido para o sistema de rede eléctrica com a combinação de CG e GD

		calor residual na co-geração	
Custos fixos de funcionamento e manutenção	Mais alto	Inferior	Esta abordagem conduziria a um custo reduzido para o sistema de rede eléctrica com a combinação de CG e GD.
Custo variável de operação e manutenção	Inferior	Mais alto	
Combustível	Igual à DG	Igual à CG	
Transmissão	A transmissão de alta tensão é obrigatória Perdas elevadas e falhas de transmissão	Apenas distribuição necessária Redução do custo de capital	Esta abordagem conduziria a um custo reduzido para o sistema de rede eléctrica com a combinação de CG e GD
Despesas com energia não servida	Elevado	Baixa	

3.1 CONDIÇÕES DE LIGAÇÃO DA PRODUÇÃO DISTRIBUÍDA

Verifica-se que a ligação de geradores distribuídos a uma rede de distribuição se baseia nos seus maus impactos no sistema de distribuição de energia. Este processo depende totalmente da impedância do sistema no ponto de acoplamento comum (PCC), da potência de curto-circuito, da ressonância e do tipo de geradores distribuídos, que normalmente incluem fontes de energia renováveis. Os requisitos da ligação dos geradores distribuídos à rede de distribuição são discutidos de seguida.

3.1.1 DIMENSÃO DA POTÊNCIA LIGADA

O nível de tensão é determinado pela dimensão da potência ligada a um determinado sistema de distribuição.

Para sistemas de baixa tensão:

A potência nominal total dos geradores distribuídos a ligar não deve exceder 10 % da potência nominal do transformador de distribuição.

Para sistemas de alta tensão:

A potência nominal total dos geradores distribuídos a ligar não deve ser superior a 10% da potência nominal do transformador de alimentação 110/22 kV.

3.1.2 AUMENTO DA TENSÃO

Quando os geradores distribuídos estão ligados ao sistema de distribuição, o aumento da tensão nos sistemas de MT não deve ser superior a 2% em comparação com a tensão antes da sua ligação; do mesmo modo, os geradores distribuídos ligados aos sistemas de BT não devem aumentar o nível de tensão em mais de 3%.

3.1.3 ALTERAÇÕES DE TENSÃO DURANTE A COMUTAÇÃO

No momento da comutação, os geradores individuais alteraram a tensão no PCC. No sistema de MT, estas alterações não causam impactos negativos excessivos, desde que a maior alteração de tensão no PCC não exceda 2 %, e para os sistemas de BT o limite de alteração de tensão é de 3 %.

3.1.4 CINTILAÇÃO PROLONGADA

Ao analisar vários geradores distribuídos no ponto de acoplamento comum. É muito importante considerar a flutuação da tensão porque as flutuações são as responsáveis pela tremulação. Por conseguinte, é necessário gerir a taxa de perceção da tremulação de longa duração Plt e o fator de tremulação de longa duração Alt da seguinte forma

$$P_{lt} \leq 0.46,$$

$$A_{lt} \leq 0.1. \dotfill 3.1$$

A taxa de perceção da tremulação de longa duração Plt é determinada utilizando a seguinte equação:

$$P_{lt} = c \frac{S_{nE}}{S_{kV}} \dotfill 3.2$$

Onde:

c = fator de cintilação

SnE = potência nominal da carga [MVA],

SkV= potência de curto-circuito do sistema [MVA].

Se considerarmos mais do que uma unidade geradora, o Plt deve ser calculado separadamente para cada dispositivo.

$$P_{lt\,res} = \sqrt{\sum_i P_{lt\,i}^2}. \dotfill 3.3$$

3.1.5 HARMÓNICAS SUPERIORES EM SISTEMAS MV

As correntes harmónicas superiores admissíveis dos equipamentos individuais ligados ao PCC podem ser calculadas utilizando a seguinte equação:

$$I_{v\,pri} = I_{v\,pr} \frac{S_A}{S_{AV}} = i_{v\,pr} \cdot S_{kV} \cdot \frac{S_A}{S_{AV}}, \dotfill 3.4$$

Onde, SA = potência aparente de um único dispositivo [MVA],

SAV = potência total ligada [MVA],

ivpr= corrente relativa [A/MVA],

SkV= potência de curto-circuito do sistema de distribuição [MVA],

Ivpr = corrente harmónica superior admissível [A].

Se as correntes harmónicas permitidas forem ultrapassadas, a ligação ao PCC não é possível.

3.2 QUESTÕES RELATIVAS À PRODUÇÃO DISTRIBUÍDA

De acordo com o estudo de vários trabalhos de investigação apresentados por diferentes autores, verificámos que as principais questões que se levantam entre o investigador, o projetista e o planeador quando a produção de distribuição é ligada ao sistema de energia são as seguintes

* Regulação da tensão

* Funcionamento e controlo

* Problema de ligação à terra

* Distorção harmónica

* Alteração da capacidade de curto-circuito

* Cintilação

* Insularidade

* Sistema de proteção

* Desequilíbrio de tensão

* Interrupções contínuas

3.2.1 REGULAÇÃO DA TENSÃO

O problema da regulação da tensão pode surgir com a introdução da produção distribuída na rede de distribuição por qualquer uma das seguintes razões:

• Carácter descontínuo da turbina eólica, das pilhas de combustível e das centrais de produção combinada de calor e eletricidade

• Interferência dos geradores síncronos capazes de fornecer potência ativa e reactiva com o equipamento regulador de tensão da rede pública, ou seja, com os reguladores estáticos de tensão (SVR) e com os comutadores de derivação em carga (LTC)

• Os geradores de indução e os inversores são utilizados para a ligação à rede, que não são adequados para a regulação da tensão e geram potência reactiva

• É utilizada uma pequena unidade de produção distribuída que não tem capacidade para regular a tensão

• Avaria de uma grande unidade de produção distribuída responsável pela regulação da tensão em caso de defeito no alimentador

• A coordenação entre múltiplas unidades de produção distribuída é muito reduzida

• Comutação frequente de um grande número de pequenas unidades de produção distribuída que funcionam com um fator de potência constante.

• Fluxo de potência inverso que ocorre quando a produção da produção distribuída é superior à carga do alimentador a jusante

3.2.2 FUNCIONAMENTO E CONTROLO

A produção da produção distribuída varia de acordo com a variação da carga local. A produção de energia da produção distribuída também pode ser controlada de forma autónoma em relação à carga local da área. Este modo de controlo é implementado se a operação da produção distribuída seguir o sinal de preço, que pode ou não corresponder às variações da carga local, ou se a produção distribuída seguir a disponibilidade de recursos naturais, como a energia eólica ou solar. Neste caso, a produção distribuída pode afetar negativamente o controlo da tensão. Devido a este aumento das variações entre o nível máximo e mínimo de tensão, o nível mínimo de tensão pode manter-se (normalmente numa situação de carga elevada, sem produção distribuída), mas o nível máximo de tensão pode aumentar, por exemplo, em condições de carga baixa com a produção distribuída a funcionar com produção máxima e com um fator de potência unitário. De um modo geral, a produção distribuída pode proporcionar alguns desafios ao controlo tradicional da tensão, da frequência e da potência.

3.2.3 PROBLEMA DE LIGAÇÃO À TERRA

Uma produção distribuída ligada à rede tem de fornecer uma ligação à terra real para evitar que as fases sem defeito sofram sobretensão durante um defeito monofásico à terra, quer esteja ligada através do transformador ou diretamente. Trata-se de um desafio mais importante na produção distribuída. A análise da ligação à terra da produção distribuída deve ter em conta não só a configuração do enrolamento do gerador (ou a disposição do inversor), mas também os seus pontos de ligação à terra e a configuração do transformador de interface. As análises de ligação à terra consideram a ligação à terra dos sistemas de energia eléctrica primário e secundário aos quais a GD está ligada.

3.2.4 DISTORÇÃO HARMÓNICA

Os harmónicos de tensão estão sempre presentes em qualquer rede eléctrica. As cargas não lineares, as cargas electrónicas de potência, os rectificadores e os inversores nos accionamentos de motores podem ser considerados como algumas das fontes que produzem harmónicas. As harmónicas são as principais causas de sobreaquecimento, avaria do equipamento, funcionamento defeituoso dos dispositivos de proteção, disparo incómodo de uma carga complexa e interferência nos circuitos de comunicação. Todos os equipamentos electrónicos de potência criam distorções de corrente que podem afetar os equipamentos vizinhos. Os geradores distribuídos, como turbinas eólicas, células fotovoltaicas, células de combustível, etc., são susceptíveis de introduzir o problema das harmónicas no sistema de energia. A produção de harmónicas com a introdução da produção distribuída é muito comum e depende da tecnologia de interligação e da tecnologia de conversão de energia. No entanto, esta questão da geração de harmónicas é muito significativa nos conversores comutados em linha, uma vez que estes são maioritariamente baseados em SCR. Mas com a introdução de inversores do tipo IGBT, a geração de harmónicas foi reduzida a um nível considerável. No entanto, o problema das harmónicas não é tão crucial como alguns dos outros problemas abordados neste trabalho de investigação.

3.2.5 ALTERAÇÃO DA CAPACIDADE DE CURTO-CIRCUITO

Quando novos geradores distribuídos são ligados ao sistema elétrico, aumenta o nível de capacidade de curto-circuito (SCC). Embora, por vezes, seja necessário ter uma SCC elevada no ponto de ligação do inversor comutado em linha numa estação HVDC ou na presença de grandes cargas com exigências que variam rapidamente, em geral o aumento da SCC indica potencialmente um problema [22].

3.2.6 FLICKER

Nível de tensão da linha de alimentação que pode ser devido ao arranque de uma máquina ou a uma alteração gradual na saída da produção distribuída. Se o gerador arrancar ou a sua saída mudar frequentemente, pode observar-se tremulação. A cintilação pode ser determinada observando a magnitude e o número de alterações de tensão que ocorrem por unidade de tempo e verificando se está acima do nível de limiar. Se for recebida uma reclamação do cliente, deve ser feita a sua minimização. A técnica de minimização inclui a redução da tensão de arranque nos geradores de indução, bem como a adaptação da velocidade. O gerador síncrono requer uma boa sincronização e o Flicker é uma mudança súbita na correspondência da tensão, e os inversores devem ser controlados para limitar as flutuações da corrente de entrada e do nível de tensão.

3.2.7 INTERRUPÇÕES CONTÍNUAS

O gerador de indução e o inversor incontrolável não são adequados para funcionar em modo autónomo porque não têm armazenamento adequado e podem não ser capazes de se basear nas tecnologias de produção distribuída em caso de falha no sistema de energia principal e não são capazes de fornecer produção de reserva em todas as tecnologias de produção distribuída.

3.2.8 DESEQUILÍBRIO DE TENSÃO

Estão disponíveis vários geradores distribuídos que fornecem eletricidade à rede em fase única. Se existirem, o desequilíbrio da tensão do sistema ocorrerá e não deve aumentar para além do nível limite. A produção distribuída também sofre com o desbalanceamento das cargas na fase e o seu desempenho deteriora-se devido ao desbalanceamento [22].

3.2.9 ILHA

A divisão intencional da rede eléctrica pública durante perturbações generalizadas para criar ilhas de energia é designada por insularidade intencional. Para manter um fornecimento ininterrupto de energia durante perturbações no sistema de distribuição principal, estas ilhas podem ser concebidas. Como no diagrama apresentado, quando há perturbações num sistema de distribuição de energia eléctrica, a rede secciona-se. Agora, os recursos energéticos distribuídos suprem a procura de energia das ilhas, criando uma reconexão com a rede eléctrica principal [23]

No entanto, os principais problemas relacionados com este ilhamento são:

• A tensão e a frequência fornecidas a outros clientes ligados à ilha estão fora do controlo da empresa, mas a empresa continua a ser responsável perante esses clientes.

• Devido à mudança drástica na corrente de curto-circuito, é provável que os sistemas de proteção na ilha estejam descoordenados.

3.2.10 SISTEMA DE PROTECÇÃO

O efeito da produção distribuída na proteção do sistema depende das características, da localização e da configuração da produção distribuída. Se a unidade de produção distribuída for concebida de modo a poder detetar muito rapidamente o defeito e desligar-se do sistema, então a produção distribuída não interferirá com o funcionamento do sistema de proteção. Assim, a maior parte das unidades modernas de produção distribuída exige a deteção do defeito, caso este ocorra, e isola-se automaticamente da produção de distribuição, podendo voltar a ligar-se quando o defeito for reparado. Mas, dependendo das características da rede e da produção distribuída, podem surgir os seguintes problemas de proteção.

• Falso disparo dos comedouros (sympathetic hipping)

- A coordenada do fusível com religação rápida varia com o funcionamento da produção distribuída

- Disparo inoportuno de unidades de produção

- Cegueira da proteção

- Aumento e diminuição dos níveis de falha

- Insularidade indesejada

- Proibição de religação automática

- Religamento não sincronizado

4.1 BENEFÍCIOS DA PRODUÇÃO DISTRIBUÍDA

I pesar dos vários impactos técnicos e económicos dos sistemas de produção distribuída, existem muitas razões para promover estas instalações de produção distribuída, que podem incluir os seguintes pontos principais:

- Redução das emissões de gases com efeito de estufa

- Suporte de grelha

- Reduz o custo, uma vez que não é necessário utilizar uma longa linha de transmissão

- Amigo do ambiente

- Evitar o impacto de uma falha maciça da rede.

- Melhor qualidade e fiabilidade da energia.

- Independência dos combustíveis importados

- Atualidade Maior segurança de abastecimento

- Promoção do desenvolvimento de certas tecnologias

- Criação de novas indústrias com emprego adicional.

Para atingir esses objectivos, são medidos por dois critérios, nomeadamente a eficácia e a eficiência.

A eficiência pode ainda ser subdividida nas duas categorias seguintes:

Eficiência estática

Eficiência dinâmica

Eficiência estática:

Este tipo de eficiência centra-se num determinado ponto no tempo. Por exemplo, se o desenvolvimento da tecnologia estiver a ser apoiado atualmente com o mínimo de recursos possível para atingir um nível desejado.

Eficiência dinâmica:

Este é o segundo tipo de eficiência que mede o desenvolvimento tecnológico que é induzido no sistema por um mecanismo de apoio, ou seja, se os custos da energia baixarem.

Uma das características mais interessantes de um sistema de produção distribuída é a quantidade de flexibilidade que oferece, que permitiria não só aos participantes no mercado e às condições de mercado em mudança, mas também ajudaria os consumidores a ter acesso a um fornecimento de energia quase ininterrupto, o que tem sido verdadeiramente um desafio nas últimas décadas, especialmente num país como a Índia. Assim, passamos agora a analisar as várias formas como a DG oferece a sua flexibilidade.

4.1.1 FLEXIBILIDADE NA RESPOSTA AOS PREÇOS

O funcionamento, a dimensão e a capacidade de expansão são aspectos importantes das tecnologias de produção distribuída A flexibilidade na evolução dos custos pode ser um dos melhores exemplos de como a produção distribuída pode ser utilizada contra as flutuações de preços. A utilização contínua da produção distribuída para a poupança máxima de energia é o principal fator da procura de produção distribuída. Nos países europeus, a procura de produção distribuída no mercado é impulsionada por aplicações de calor, pela introdução de energias renováveis e por potenciais melhorias de eficiência.

4.1.2 FLEXIBILIDADE NAS NECESSIDADES DE FIABILIDADE

Um sistema de elevada fiabilidade inclui a manutenção adequada da rede e das infra-estruturas de produção, o que exige um elevado investimento e uma boa relação custo-eficácia, resultante da introdução da concorrência na produção.

No entanto, para várias indústrias, como a petrolífera, a química, a refinação, a do papel, a das telecomunicações e a metalúrgica, é muito importante dispor de uma fonte de alimentação fiável. A fiabilidade da eletricidade fornecida pela rede é muito reduzida e, por isso, essas empresas estão dispostas a investir em unidades de produção distribuída, a fim de aumentar a fiabilidade global do seu abastecimento. As células de combustível e os sistemas de reserva combinados com uma fonte de alimentação ininterrupta (UPS) são conhecidos como as tecnologias que podem fornecer proteção contra interrupções de energia, no entanto, é de notar que a tecnologia das células de combustível não está disponível comercialmente.

4.1.3 FLEXIBILIDADE NAS NECESSIDADES DE QUALIDADE DA ENERGIA

As características das diferentes gerações distribuídas são diferentes, pelo que criam vários problemas de qualidade da energia. A adição de produção distribuída na rede leva a uma melhoria da qualidade da energia, com a única exceção de uma única grande produção distribuída ligada a uma rede fraca, particularmente durante o arranque e a paragem das gerações distribuídas.

4.1.4 RESPEITO PELO AMBIENTE

A procura de produção distribuída está a aumentar de dia para dia porque é amiga do ambiente. A tecnologia de produção distribuída é uma fonte de energia limpa e económica. A produção distribuída baseia-se em fontes de energia renováveis por natureza, com produção em pequena escala, de alguns kW a 100 MW.

A maioria das políticas governamentais promove a utilização de fontes de energia não convencionais para aumentar o impacto da produção distribuída. Geralmente, na produção distribuída, utilizamos combustíveis baratos, como os recursos de biomassa e os gases dos aterros sanitários próximos.

4.1.5 SUBSTITUTO DOS INVESTIMENTOS NA REDE

As perdas na transmissão e distribuição representam cerca de 30% dos custos da energia eléctrica. Se as necessidades do cliente forem menores, os custos de transporte e distribuição na fatura da eletricidade serão maiores.

As unidades de produção distribuída podem ser utilizadas como substituto de investimentos em capacidade de transporte e distribuição do ponto de vista dos operadores de sistemas. Em alguns casos, podem ser utilizadas como alternativa à ligação de um cliente à rede numa aplicação autónoma. Além disso, a localização da produção distribuída perto do centro de carga também pode contribuir para minimizar as perdas na rede.

4.2 IMPACTO E COMPENSAÇÃO TÉCNICAS DE PRODUÇÃO DISTRIBUÍDA

4.2.1 IMPACTOS TÉCNICOS DA PRODUÇÃO DISTRIBUÍDA

A produção distribuída é um novo conceito para a futura produção de eletricidade. Tem efeitos positivos e negativos nos sistemas eléctricos para melhorar o sistema. A produção distribuída melhora a fiabilidade do sistema e evita a queda de subtensão, influenciando a estabilidade transitória e a distorção harmónica na ligação ou desligamento.

Para ser mais preciso, o presente trabalho centra-se mais nos problemas de estabilidade de energia relacionados com a potência ativa e reactiva, a tensão e o ângulo de tensão que ocorrem devido à penetração de uma produção distribuída no sistema existente.

A maior parte da topologia do sistema elétrico baseia-se num sistema radial, o que significa que a energia flui da estação de produção para o centro de carga. No entanto, com a presença da tecnologia de produção distribuída, a energia pode fluir da carga para a fonte.

Quando a produção distribuída é ligada ao sistema existente, surge um problema técnico muito grave no funcionamento do sistema elétrico.

Por conseguinte, é um desafio para os investigadores determinar o impacto da produção distribuída durante a operação de ligação ou de desligamento. Nos níveis de operação, a avaliação do impacto pode ser feita para melhorar a qualidade e a fiabilidade da energia e também em áreas como a análise do estado estacionário, a análise dinâmica e a proteção, a fim de encontrar os efeitos nos pontos de vista da produção, da transmissão e da produção distribuída.

A integração da produção distribuída na rede de distribuição pode continuar a provocar perturbações da tensão. Pode inferir-se que a produção distribuída pode ter impactos positivos e negativos nas redes de sistemas eléctricos. Isto mostra que a adição da produção distribuída aos sistemas de distribuição ou de transmissão altera frequentemente a direção do fluxo de energia e, mais importante ainda, distorce as formas de onda da tensão, da corrente e da potência ativa no circuito em funcionamento, o que tem de ser resolvido sem falhas. No entanto, antes de instalar a produção distribuída no sistema, deve ser verificado o limite de injeção de potência.

Agora, vamos discutir os dois termos-chave que são muito importantes para o bom funcionamento de qualquer sistema de energia, ou seja, fiabilidade e qualidade da energia.

Fiabilidade

A fiabilidade é simplesmente definida como a capacidade de qualquer sistema elétrico para fornecer energia eléctrica sem qualquer interrupção durante um período de tempo considerável.

Qualidade da energia

A capacidade do sistema elétrico para fornecer um sinal limpo, sem quaisquer variações nas características nominais da tensão ou da corrente, é designada por alta qualidade da energia.

Considerando as definições-chave acima, podemos dizer que a ocorrência de uma tensão ou corrente superior ou inferior à normal pode danificar ou desligar vários tipos de equipamento elétrico. Tais diferenças no sinal normal ocorrem no circuito típico de fornecimento de energia eléctrica várias vezes por ano.

4.3 ESTABILIDADE ANÁLISE

A análise de estabilidade é muito importante para o planeamento, a conceção e o funcionamento adequados do sistema de energia, uma vez que permite determinar o desempenho do sistema em determinadas circunstâncias, como alterações súbitas na produção, nas cargas ou quaisquer falhas no sistema.

A capacidade do sistema de manter a estabilidade em estado normal e de se restabelecer rapidamente após a ocorrência de falhas é designada por parâmetro de robustez do sistema elétrico moderno. Por conseguinte, é necessário estudar o comportamento dinâmico do sistema elétrico para confirmar que o sistema deve ser estável e não ter o problema de perda de sincronização durante a interligação da produção distribuída.

O autor de [21] define a estabilidade de um sistema de energia eléctrica como a capacidade de um sistema de energia eléctrica para assegurar que o sistema se mantém estável para quaisquer condições de funcionamento iniciais e recupera o estado de funcionamento de equilíbrio após ter sido sujeito a perturbações físicas.

A estabilidade do sistema elétrico é classificada em três tipos: estabilidade do rotor ou do ângulo de potência, estabilidade da frequência e estabilidade da tensão.

4.3.1 ESTABILIDADE DO ÂNGULO DO ROTOR

A estabilidade do ângulo do rotor ou do ângulo de potência define a capacidade de os geradores síncronos regressarem às condições normais após terem sido sujeitos a perturbações físicas. O estudo adequado da oscilação eletromecânica em sistemas de energia é necessário para os problemas relacionados com a estabilidade do ângulo do rotor.

O comportamento em que a potência de saída das máquinas síncronas varia à medida que o ângulo do rotor se altera é uma questão crucial. Em estado estacionário, a velocidade permanece constante e a entrada do binário mecânico e do binário elétrico de cada máquina é igual. Se houver uma perturbação no estado de equilíbrio, o rotor das máquinas aumenta ou diminui a velocidade.

As diferenças angulares de posição ocorrem quando as taxas de rotação de todas as máquinas não coincidem, porque uma máquina a funcionar mais depressa do que outra tende a injetar ou a absorver energia da máquina de alta velocidade para a máquina de baixa velocidade. Devido a esta diminuição da tensão do barramento, o sistema torna-se instável.

Um sistema instável pode destruir os principais componentes do sistema elétrico. Os problemas de estabilidade do ângulo do rotor podem ser classificados em dois tipos.

· **Estabilidade do ângulo do rotor com pequenos sinais (estado estacionário):** Define-se simplesmente como a manutenção do sincronismo sob pequenas perturbações. Este problema pode causar pequenas perturbações da estabilidade, como o controlador HVDC e FACTS, o modo de oscilação inter-áreas e as alterações de carga.

• **Estabilidade do ângulo do rotor com grandes sinais (estabilidade transitória)**: Define-se simplesmente como manter o sincronismo depois de ter sido sujeito a perturbações graves, tais como curto-circuitos e operações de comutação.

4.3.2 ESTABILIDADE DA FREQUÊNCIA

A estabilidade da frequência é a capacidade dos sistemas eléctricos de manterem a frequência estável dentro de um limite aceitável após uma falha grave do sistema. Devido à instabilidade da frequência, existe uma diferença considerável entre a produção e a carga, o que afecta a magnitude da tensão, a potência ativa, a potência reactiva e outros parâmetros do sistema.

As principais causas do problema da estabilidade da frequência são a falta de serviços do sistema para responder a perturbações e a coordenação do controlo dos dispositivos de proteção.

4.3.3 ESTABILIDADE DA TENSÃO

A estabilidade da tensão é a capacidade dos sistemas de energia de manter a tensão estável dentro de limites aceitáveis em todos os barramentos em condições normais e críticas. A instabilidade da tensão pode ter como efeito um aumento ou uma diminuição significativa das tensões em vários barramentos. Devido a esta queda de tensão que ocorre quando a potência ativa e reactiva flui através da reactância indutiva nas linhas de transmissão.

Consequentemente, limita a capacidade do sistema de transmissão para suportar a tensão e transferir energia. Além disso, as cargas dinâmicas também são responsáveis pela instabilidade da tensão quando ocorrem perturbações. A carga tende a responder repondo a potência consumida, o que pode aumentar o consumo de potência reactiva e o stress da rede de alta tensão provoca uma maior redução da tensão.

A estabilidade da tensão é classificada em dois tipos.

Estabilidade da tensão em caso de grandes perturbações: A capacidade dos sistemas eléctricos para manter e controlar as tensões após grandes perturbações, como a perda de produção ou falhas no sistema.

Estabilidade de pequenas perturbações: A capacidade dos sistemas de energia para manter e controlar as tensões após pequenas perturbações, como alterações incrementais nas cargas.

4.4 DISCUSSÃO DOS MÉTODOS DE COMPENSAÇÃO

Esta secção apresenta uma descrição pormenorizada do processo a seguir nos três métodos acima mencionados ao analisar os efeitos da produção distribuída na rede. Os métodos aqui apresentados são muito eficazes na minimização das perturbações do perfil de tensão e do desequilíbrio da potência reactiva.

4.4.1 AUMENTAR A DIMENSÃO DOS CONDUTORES

As perturbações devidas à produção distribuída devem substituir os condutores pré-existentes por condutores de maior área de secção transversal. Um aumento da área da secção transversal faz com que a resistência (R) do condutor diminua, o que irá diminuir o aumento da tensão em vários pontos da rede de transmissão. A área do condutor a instalar deve ser determinada antes de o implementar no sistema, de modo a obter uma subida de tensão dentro do limite de segurança especificado no código do operador de sistema distribuído (DSO). O autor em [21] sugeriu que se alguém quiser ligar uma subestação de 100 kV a uma subestação de 38 kV, deve atualizar o seu sistema com condutores com uma área de secção transversal de 300 mm^2 e se alguém quiser ligar as subestações com a mesma classificação de kVA, então também os condutores utilizados devem ter uma área de secção transversal máxima de 300 mm^2. O autor afirma que, ao substituir os condutores por condutores de maior dimensão, o problema da subida de tensão continua a existir, mas está dentro do código DSO.

4.4.2 INSTALAR UMA REACTÂNCIA DE DERIVAÇÃO NA REDE

A fim de manter o equilíbrio da potência reactiva na rede, é necessário manter a potência reactiva dentro de um limite na rede. Assim, em cada ponto é necessário manter uma quantidade mínima de potência reactiva para evitar perturbações na tensão.

A injeção de potência reactiva tem um efeito considerável na capacidade de produção. Suponhamos que se P_Q quantidade de potência reactiva for absorvida na rede, a quantidade de produção ligada em vazio aumenta como indicado abaixo.

$$P_G (max) = (V_2 (max) - V_1)/R + P_Q * X/R \quad \dots\dots\dots\dots\dots\dots\dots (4.1)$$

Onde,

P_Q é a potência reactiva absorvida pela rede

P_G é a potência gerada

X é a reactância da rede e

R é a resistência da rede

A adição de uma reactância de derivação a uma rede ajuda a reduzir o fator de potência, o que, por sua vez, aumenta a necessidade de potência e, consequentemente, o aumento global da tensão na rede é reduzido para um limite seguro.

4.4.3 UTILIZANDO UMA ABORDAGEM PROBABILÍSTICA DO FLUXO DE CARGA

A abordagem probabilística do fluxo de carga (PLF) foi concebida para ter em conta tanto a produção distribuída como a variação da carga. Trata-se de uma expansão da abordagem do fluxo de carga determinístico (DLF), uma vez que aplica as incertezas diretamente à solução. O principal objetivo deste método é determinar a sensibilidade do sistema para que se possa efetuar uma análise eficaz da variação do perfil de tensão [13].

Este método utiliza a média temporal de hora a hora para que se possa efetuar uma observação atenta. É concebido um modelo do sistema para que as variáveis de estado possam ser diretamente aplicadas a ele.

Existem dois métodos de abordagem probabilística:

1. Abordagem analítica e...

2. Abordagem numérica.

O método analítico efectua a convolução da função de densidade de probabilidade de cada variável aleatória. O método analítico não é utilizado no sistema real porque é muito complexo e é necessário resolver longas equações matemáticas não lineares.

Por outro lado, o método numérico efectua a convolução de várias funções de densidade de probabilidade de cada vez através de vários softwares de simulação disponíveis. Um dos métodos numéricos mais comuns é o método de simulação de Monte Carlo.

Um método para a modelação da variável aleatória para a abordagem probabilística do fluxo de carga é apresentado em [13]. O autor desenvolveu um modelo solar para o seu estudo. Nesse modelo, ele modelou o evento de nuvens como processos de Poisson com média 'M':

$$F(x)=e^{-M}/x! \quad \text{...(4.2)}$$

Em que, x= 0, 1, 2 ....

E o tempo entre dois eventos de nuvem é modelado como uma função exponencial:

$$W(x) = e^{-x/w}/w \quad \text{.. (4.3)}$$

Onde, x>0

Capítulo 5

METODOLOGIA

Os resultados da simulação foram obtidos utilizando o PSAT (power system analysis toolbox), que é uma ferramenta para a análise do sistema elétrico. O PSAT é baseado no MATLAB e, neste método, a resolução de equações matemáticas longas e complexas consome menos tempo e dá uma resposta rápida. Ou seja, este método é fácil de compreender e utilizar. Os passos envolvidos no funcionamento do PSAT são os seguintes

1. Iniciar o software MATLAB.

2. Executar o ficheiro PSAT.m.

3. Abra a biblioteca Simulink a partir da janela PSAT.

4. Seleccione os componentes necessários para desenhar a rede.

5. Desenhe a rede e guarde-a.

6. Na janela PSAT, carregue a rede guardada e execute o fluxo de potência contínuo.

7. Clique no separador do relatório estático. Este irá gerar o relatório do fluxo de potência contínuo.

8. A partir do relatório estático, também é possível obter os gráficos que mostram a variação do perfil de tensão, do perfil de potência ativa e reactiva da rede.

Para além do fluxo de potência contínuo, o PSAT também realiza o fluxo de potência ótimo, a análise no domínio do tempo, a análise no domínio da frequência, etc.

Nos capítulos anteriores foi apresentada uma visão geral da produção distribuída, bem como a identificação do problema. Este capítulo centra-se na metodologia implementada no nosso trabalho, começando por referir os critérios básicos a cumprir para que um sistema esteja em funcionamento estável e a demonstração em PSAT/MATLAB Simulink de toda a metodologia.

A metodologia proposta foi implementada utilizando o software de simulação PSAT 2.1.7. É apresentada uma rede de barramentos IEEE-14 com e sem ligação de GD (Fig-

3 e Fig-4), respetivamente.

Dimensão e localização da produção distribuída

A colocação de produção distribuída num sistema de distribuição melhorou o perfil de tensão com perdas reduzidas. No entanto, a colocação da GD apenas na localização óptima não é suficiente, pelo que a dimensão da GD também deve ser determinada para o seu funcionamento eficiente. No âmbito do estudo, foi ligada uma produção distribuída baseada no vento de 50KVA e 11kV. Os autores de [3] sugeriram o método para encontrar o nó mais fraco para a localização óptima da GD em qualquer rede ligada à rede. O nó mais fraco pode ser encontrado através da procura da queda de tensão máxima, ou seja, o barramento com a menor magnitude de tensão é o barramento mais fraco.

O barramento mais fraco foi observado nos barramentos no. 14, 13 e 12, enquanto o barramento no. 14 sendo o barramento mais fraco e o local mais adequado para a instalação do GD. Os engenheiros podem também aconselhar a instalação de GD nos barramentos n. 12 e 13, se e quando necessário.

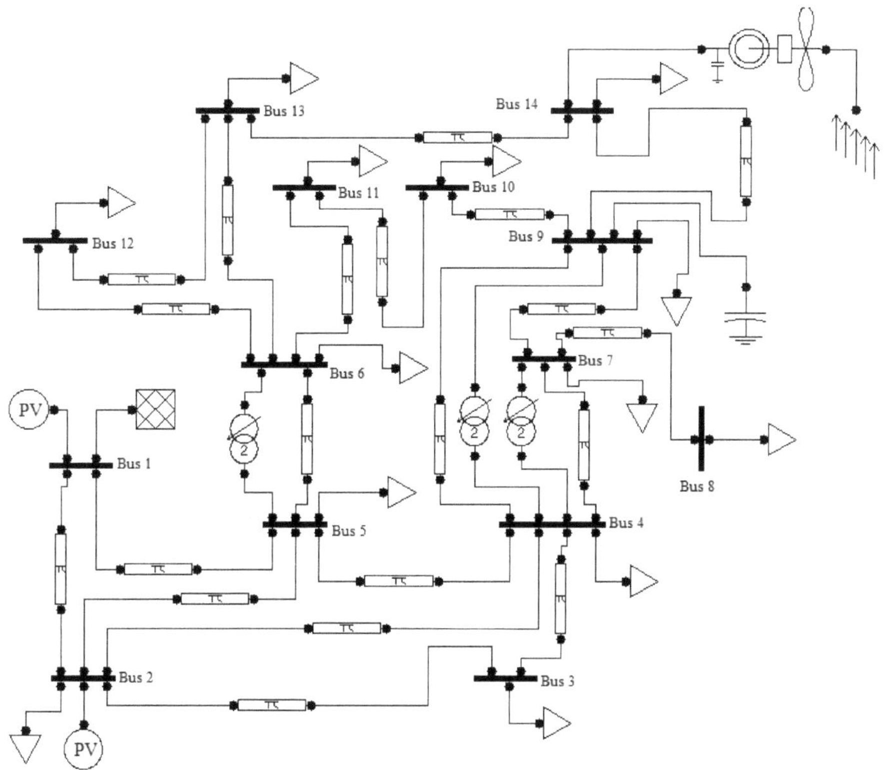

Fig-3: Modelo de simulação de barramento IEEE-14 com conexão DG

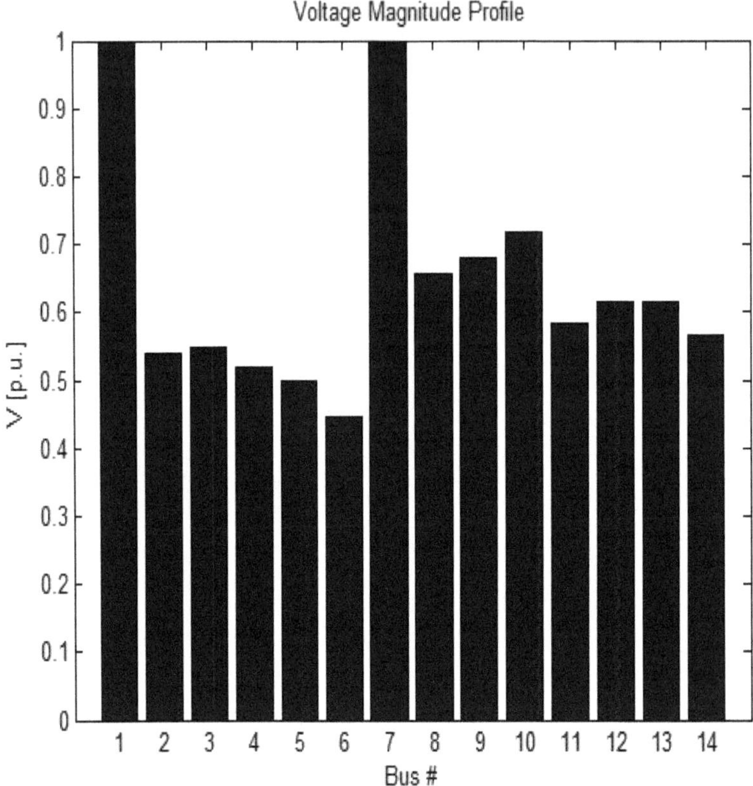

Fig.4: Perfil de tensão com ligação DG

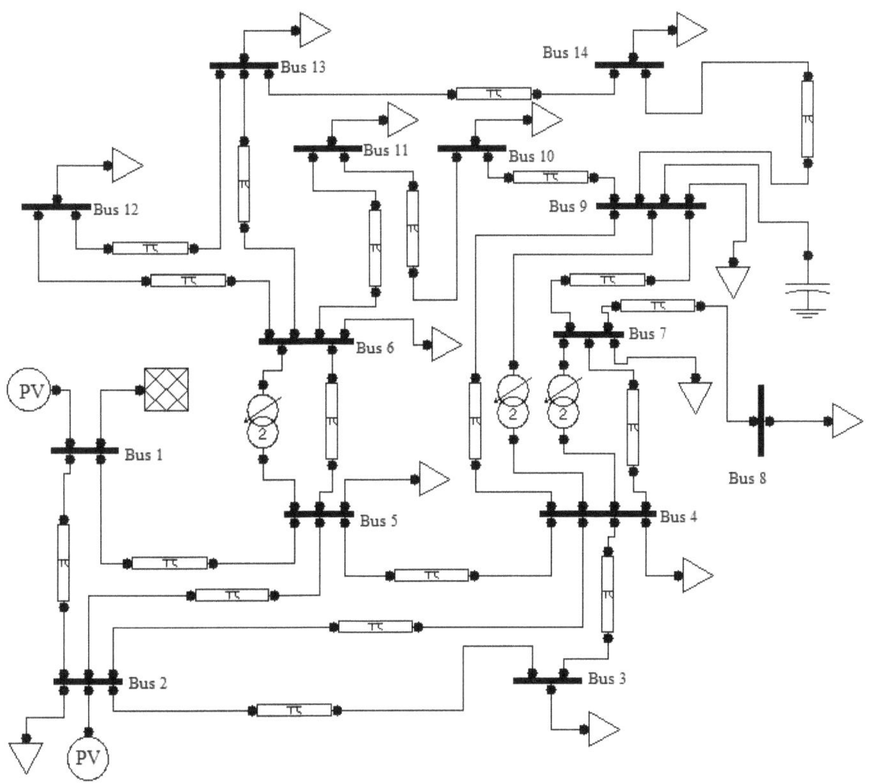

Fig-5: Modelo de simulação do barramento IEEE-14 sem ligação de GD

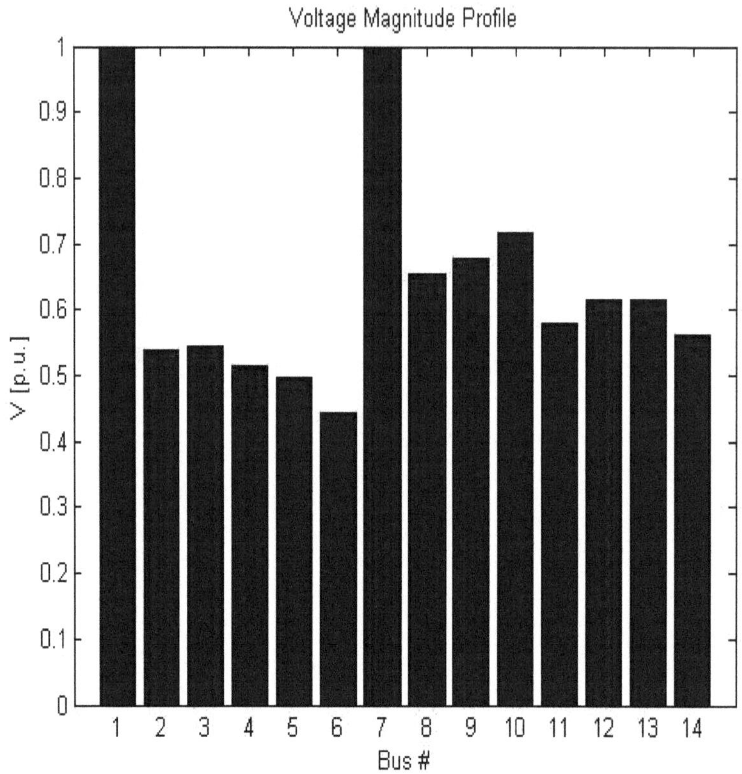

Fig-6: Perfil de tensão sem ligação de GD

Tabela-2: Potência reactiva na produção de eletricidade e na carga com ligação de GD

Autocarro	Q. gen (p.u)	Q. carga (p.u)
Autocarro 1	0.38329	0
Autocarro 2	6.5306	0.25445
Autocarro 3	0	0.38268
Autocarro 4	0	0.07814
Autocarro 5	0	0.03206

Autocarro 6	0	0.15027
Autocarro 7	0	0
Autocarro 8	0	0
Autocarro 9	0	0.27176
Autocarro 10	0	0.11621
Autocarro 11	0	0.03606
Autocarro 12	0	0.03206
Autocarro 13	0	0.11621
Autocarro 14	0	0.10018

Tabela-3: Potência reactiva na produção de eletricidade e na carga sem ligação de GD

Autocarro	Q. gen (p.u)	Q. carga (p.u)
Autocarro 1	0.3894	0
Autocarro 2	6.5577	0.25444
Autocarro 3	0	0.38267
Autocarro 4	0	0.07814
Autocarro 5	0	0.03206
Autocarro 6	0	0.15026
Autocarro 7	0	0
Autocarro 8	0	0
Autocarro 9	0	0.27224
Autocarro 10	0	0.1162
Autocarro 11	0	0.03606

Autocarro 12	0	0.03206
Autocarro 13	0	0.1162
Autocarro 14	0	0.10018

Capítulo 6

RESULTADOS E DISCUSSÃO

A comparação dos resultados da simulação obtidos com e sem a ligação da GD mostra uma melhoria na perda de potência reactiva de 5,3766 p.u. para 5,3438 p.u. se a GD for ligada na localização óptima (Tabela-2 e Tabela-3), respetivamente. A variação do perfil de tensão da rede com e sem ligação de GD foi mostrada (Fig. 4 e Fig. 6), respetivamente

A partir do estudo acima, concluiu-se que a produção distribuída tem várias vantagens, tais como - é amiga do ambiente, económica, utiliza fontes de energia renováveis, não tem subprodutos tóxicos, etc. No entanto, também perturba o perfil de tensão da rede se não for ligada na localização óptima. No âmbito do estudo, a localização óptima da GD foi encontrada através do estudo do barramento mais fraco e o barramento n.º 14 foi considerado o mais fraco. 14 foi considerado o mais fraco. A integração da GD no DN também diminui a estabilidade da rede eléctrica ligada, aumentando assim a perda de potência reactiva.

Esta investigação contribuirá para o conhecimento da produção distribuída, que se tornou uma das principais preocupações no domínio da produção de eletricidade, em particular com o seu desenvolvimento nas nações industriais a nível mundial.

REFERÊNCIAS

[1] Ackermann, T. Andersson, G, S.oder, L, "Distributed generation: a definition", *Electric Power Systems Research,* Vol. 57, p.p. 195-104. 1001.

[2] Hamid Falaghi, Mahmood-Reza Haghifam, "ACO Based Algorithm for Distributed Generation Sources Allocation and Sizing in Distribution Systems," *Power Tech IEEE,* pp.555-560. 1007.

[3] Hossein Shahinzadeh, Sayed Mohsen Nasr-Azadani, Nazereh Jannesari, "Applications of Particle Swarm Optimization Algorithm to Solving the Economic Load Dispatch of Units in Power Systems with Valve-Point Effects," *International Journal of Electrical and Computer Engineering (IJECE),* Vol. 4, no.6, pp. 858~867, 1014.

[4] M. F. Alhajri, M. R. AlRashidi e M. E. El-Hawary, "Hybrid Particle Swarm Optimization Approach for Optimal Distribution Generation Sizing and Allocation in Distribution Systems," *Proceedings of Canadian Conference on Electrical and Computer Engineering, Vancouver, Canadá,* pp. 1190-1193, abril de 1007.

[5] Walid El-Khattam, Y. G. Hegazy e M. M. A. Salama, "Investigating Distributed Generation Systems Performance Using Monte Carlo Simulation," *IEEE Trans. Power Syst.,* vol. 11, no. 1, pp.514-531, maio de 1006.

[6] Deependra Singh, Devender Singh e K. S. Verma, "Multi objective Optimization for DG Planning With Load Models," *IEEE Trans. Power Syst.,* vol. 14, no. 1, pp. 417-436,Feb. 1009.

[7] Chris J. Dent, Luis F. Ochoa e Gareth P. Harrison, "Network Distributed Generation Capacity Analysis Using OPF With Voltage Steps Constraints," *IEEE Trans. Power Syst.,* vol. 15, no. 1, pp.196-304, Feb. 1010.

[8] Su Hlaing Win, Pyone Lai Swe, "Loss Minimization of Power Distribution Network using Different Types of Distributed Generation Unit," *International Journal of Electrical and Computer Engineering (IJECE),* vol.5, no, 5, pp, 918~918, 1015.

[9] JIANG Fengli, ZHANG Zhixia, CAO Tong, HU Bo e PIAO Zailin, "Impact of Distributed Generation on Voltage Profile and Losses of Distribution Systems," *Proc. 31nd Chinese Control Conf., Xi'an, China,* pp. 8587-8591, Jul.1013.

[10] S.P. Rajaram, V. Rajasekaran e V. Sivakumar, "Optimal Placement of Distributed Generation for Voltage Stability Improvement and Loss Reduction in Distribution Network," *IJIRSET,* vol. 3, no. 3, pp.519-543, Mar. 1014.

[11] Pathomthat Chiradeja e R. Ramakumar, "An Approach to Quantify the Technical Benefits of Distributed Generation," *IEEE Trans. Energy Conv.* vol. 19, no. 4, pp. 764-773, Dec. 1004.

[12] Chris J. "Investigating Distributed Generation Systems Performance Using Monte Carlo Simulation," *IEEE Trans. Power Syst.,* vol. 11, no. 1, pp.514-531, maio de 1006.

[13] Jason M.Sexauer, Salman Mohagheghi, "Voltage Quality Assessment in a Distribution System With Distributed Generation- A Probabilistic Load Flow Approach," *IEEE Trans. Power Del.,* vol. 18, no. 3, pp. 1651- 1661, Jul. 1013.

[14] Rangan Banerjee, "Comparison of options for distributed generation in India," *ELSEVIER Energy Policy, vol.* 34, pp. 101- 111, Jul. 1004.

[15] J. A. Pecas Lopes, N. Hatziargyriou, J. Mutale, P. Djapic e N.Jenkins, "Integrating Distributed Generation into electric power systems: A review of drivers, challenges and opportunities," *ELSEVIER Electric Power Syst. Research,* vol. 77, pp. 1189-1103, Out. 1006.

[16] Naresh Acharya, Pukar Mahat e N. Mithulananthan, "An analytical approach for DG allocation in primary distribution network," *ELSEVIER Electrical Power and Energy Syst.,* vol. 18, pp. 669-678, Feb. 1006.

[17] Qiuye Sun, Zhongxu Li e Huaguang Zhang, "Impact of Distributed Generation on Voltage Profile in Distribution System," *in Proc. Int. Joint Conf. on Computational Sciences and Optimization,* pp. 149-151,1009.

[18] M. O. AlRuwaili, M. Y. Vaziri, S. Vadhva, S. Vaziri. "Impact of Distributed Generation on Voltage Profile of Radial Power Systems," *IEEE, Green Technologies Conference, 1013.*

[19] Marina Cavlovic, "Challenges of Optimizing the Integration of Distributed Generation into the Distribution Network," *Proc.8th Int. Conf. on the European Energy Market, Zagreb, Croácia,* pp. 419-416, maio de 1011.

[20] P.Chiradeja, A.Ngaopitakkul, "The Impacts of Electrical Power Losses due to Distributed Generation integration to Distribution System," *in Proc. Int. Conf. sobre Máquinas e Sistemas Eléctricos, Busan, Coreia,* pp. 1330-1333, Out.1013.

[21] Di Donal Caples. Boljevic, Sreto, Conlon, Michael F, "Impact of distributed generation on voltage Profile in 38kV distribution system," *8th International Conference on the European Energy Market EEM),* pp. 15-17 1011.

[22] Singh S.N., Ostergaard Jacob, Jain Naveen, "Distributed Generation in Power Systems: An Overview and Key Issues", *Actas da IEC,* 01/1001.

[23] Sweta, Mohamed Samir "A Generalized Overview of Distributed Generation," *International Journal of Emerging Research in Management &Technology ISSN: 1178- 9359,* Volume-1, Issue-11, 1013.

[24] Su Bae e Jim-O Kim, "Reliability evaluation of distributed generation based on operation mode," *IEEE Trans. Power Systems,* vol. 11, no. 1, pp. 785-790, maio de 1007.

[25] E. V. Mgaya, Z. Müller, "The Impact of Connecting Distributed Generation to the Distribution System," *ActaPolytechnica Vol. 47No. 4-5/1007*

[26] K. Purchala, R. Belmans, KU Leuven L. Exarchakos, A.D. Hawkes, "Distributed generation and the grid integration issues", 1006.

[27] Vu Van T., Driesen J., Belmans R., "Power quality and voltage stability of distribution system with distributed energy resources," *International Journal of Distributed Energy Resources,* vol. 1, no. 3, pp. 117-140, 1005.

[28] Bollen M. H. J. e Hager M., Power quality: "Integrations between distributed energy resources, the grid and other customers," *Electrical Power Quality and Utilization Magazine,* vol. 1, no. 1, pp. 51-61, 1005.

[29] G. Pepermans, J. Driesen, D. Haeseldonckx, R. Belmans, W. D. haeseleer, "Distributed generation: definition, benefits and issues," *Energy Policy* Vol. 33, p.p. 787-798, 1005

[30] Ken Darrow, Bruce Hedman, Thomas Bourgeois, Daniel Rosenblum, "The Role of Distributed Generation in Power Quality and Reliability", *apresentado para a Autoridade de Investigação e Desenvolvimento Energético do Estado de Nova Iorque, 1005.*

[31] N. Talebi, M. Ehsan, S.M.T. Bathaee, "Effects of SVC and TCSC Control Strategies on Static Voltage Collapse Phenomena," *IEEE Proceedings, Southeast Con,* pp. 161 - 168, Mar 1004.

[32] El-khattam W. e Salama M.M.A, "Distributed Generation Technologies, Definitions and benefits," *Electric Power Systems Research,* vol. 71, pp. 119-11, 1004.

I **want** morebooks!

Buy your books fast and straightforward online - at one of world's fastest growing online book stores! Environmentally sound due to Print-on-Demand technologies.

Buy your books online at
www.morebooks.shop

Compre os seus livros mais rápido e diretamente na internet, em uma das livrarias on-line com o maior crescimento no mundo! Produção que protege o meio ambiente através das tecnologias de impressão sob demanda.

Compre os seus livros on-line em
www.morebooks.shop